小猛犸童书

奇妙的遗传 趣味生物学大揭秘

谁最好吃？

红红罗卜 著 / 绘

U0177515

電子工業出版社
Publishing House of Electronics Industry
北京·BEIJING

植物大观园

植物的形态多种多样，找一找，它们有哪些相似之处，又有哪些不同之处？

不同的植物有着不同的特征。

我和兄弟姐妹生活在水里。
海带

胡杨
妈妈和我都可以活千年！

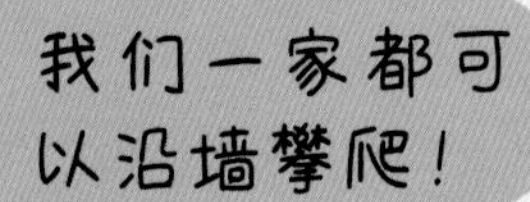
我们一家都可以沿墙攀爬！

爬山虎

腐烂的草丛，是我们祖祖辈辈的家。
水晶兰

我们是小矮人家族。

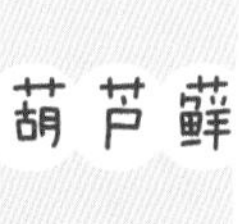
葫芦藓

我的根可以在空气中存活！
榕树

捕蝇草
我们一家都爱吃小虫子！

孩子随我，形状似羽毛。
蕨类植物

有人认为我们是世界上最臭的花！
大王花
我能伪装成眼镜蛇，吓退天敌！
眼镜蛇草
我天生就是大力士！我的叶片甚至可以承载一个人！
王莲

我和爸妈一个样

植物的外貌也遗传自其父母，它们一般和父母长得十分相似。

我的根笔直而有力量。
我的根细小，但数量多！
番茄有主根和侧根
葱的根是须根
依靠外力支撑，我们才能向上蔓延！
葛藤
到了秋天，我们就会变色呢！
枫叶
我和妈妈一样四季常青。
松树

根

根分主次吗？根是粗壮的主根，还是像胡须一样分散的须根？根能在水中或空气中存活吗？

茎

茎是高还是矮？是直立生长，还是匍匐前进？需要攀缘其他物体吗？

叶

叶子是圆形还是扇形，有没有特殊的形状？会一直是绿色的吗？是在秋天落下，还是一直挂在枝头？

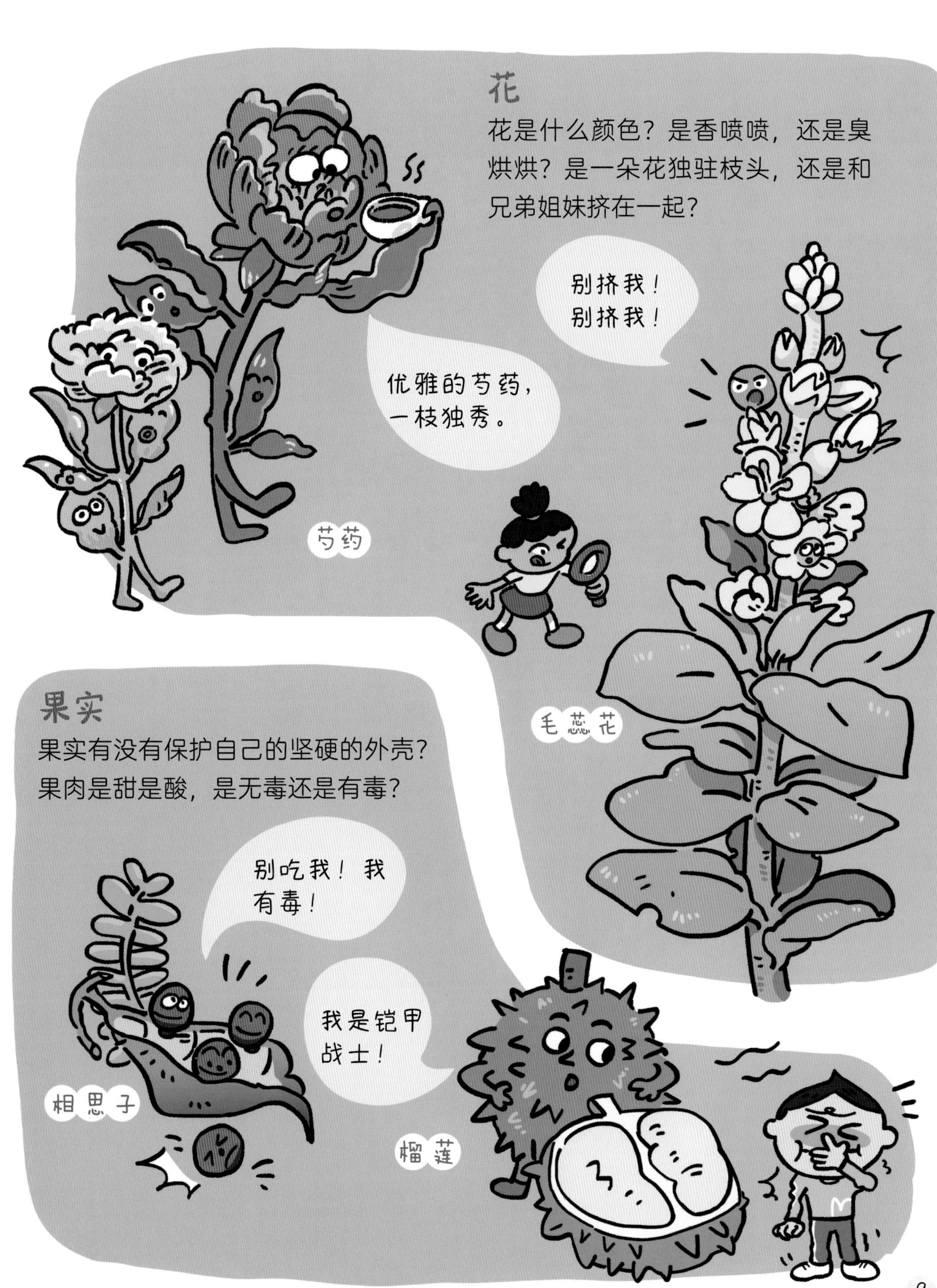
花
花是什么颜色？是香喷喷，还是臭烘烘？是一朵花独驻枝头，还是和兄弟姐妹挤在一起？
优雅的芍药，一枝独秀。
别挤我！别挤我！
芍药
毛蕊花
果实
果实有没有保护自己的坚硬的外壳？果肉是甜是酸，是无毒还是有毒？
别吃我！我有毒！
我是铠甲战士！
相思子
榴莲

相似的内在

除了外表，植物和它们的父母还有相似的内在。

居住环境

居住在陆地还是水中？喜阴、喜湿，还是喜光、喜干呢？

我们的家在水中。
荇菜

那我可不能去你家玩。

仙人球

食性

除了吸收水和土壤中的养分，有些特殊的植物还会吃昆虫。

开饭啦！宝贝们，一起吃小虫子吧！
我就不吃了，我最怕虫子了，我喝喝水就饱了。
猪笼草一家
普通小草

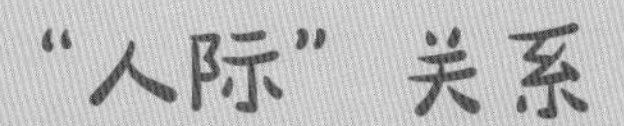

“人际”关系

植物怎么和邻居相处呢？它们是互不干扰，还是相互斗争？是友好互助，还是掠夺彼此的养料？

我们两家世代友好，永远不分开！
大豆和根瘤菌

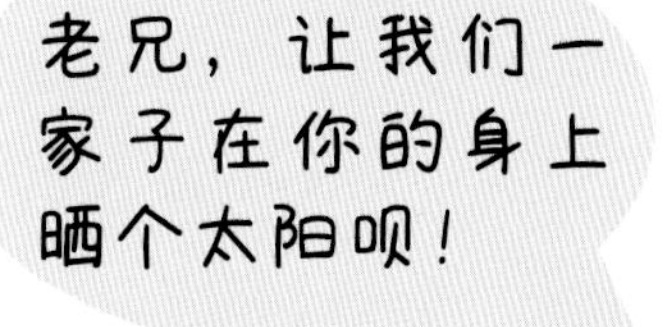

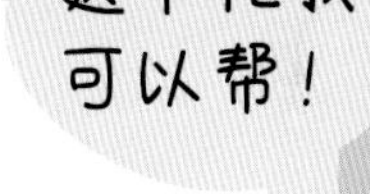

真讨厌，它跟它妈一样，总是吃我们的，喝我们的！
老兄，让我们一家子在你的身上晒个太阳呗！
这个忙我可以帮！
积水凤梨
热带树
菟丝子和邻居

种子传播方式

植物传播种子的方式有很多种，有的靠自己，有的需要借助风和水的力量，有的还会利用动物搭便车。

我小时候也是被妈妈弹出来的。
芝麻

鸟儿会带我去远方，等种子被排泄到土里，就可以生根发芽啦！
风来了，兄弟们，准备出发！
蒲公英
钩在动物的毛发上，搭个顺风车。
苍耳

种子的多少

一株植物可以结多少颗种子？一颗、两颗、十颗、百颗……还是成千上万颗呢？

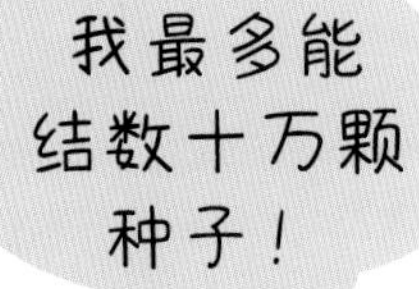
我最多能
结数十万颗
种子！

种子发芽不易，
我们必须以量
取胜。
延龄草

黄顶菊

波西多尼亚海草

寿命

植物的寿命各不相同。有的只有短短几个星期，有的只有一年，还有的十分长寿，可以存活数万年。

我们是世界上最
长寿的植物，可
以存活十万年！

我的一生不
到 200 天。

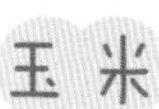
玉米

家族的神秘力量

从父母那里，植物还继承了应对困难的力量。

适应极端环境

即便在沙漠、高山和没有土壤的岩石区，植物也有活下去的办法。它们有的改变根、茎、叶的形态来储水、控温，有的长出茸毛防寒、防辐射，有的则选择和微生物共生……

银箭草
火山口白天热，晚上冷，我们只好穿上银色的绒衣保护自己。
藻类和真菌共同组成了我，没有土壤也没关系，我们能化石为土。
地衣
虽然干旱杀死了我，但我还能随风滚动，将种子带去远方。
刺沙蓬

抵抗天敌

面对以自己为食的动物，有的植物主动出击，用刺或毒当武器；有的植物全力防御，或是改变外貌，与环境融为一体，或是模拟成敌人天敌的形态威吓它们，使它们不敢靠近。

冬青
我叶子上的刺就是最好的武器。

即使干旱我也不怕，我的树干储备了足够的水。

我们有世代相传的毒。
荨麻

看不见我，看不见我……
生石花

处理伤口

植物受伤了怎么办？是避开伤口，在健康的部位继续生长，还是会用体液让伤口愈合？

猴面包树
橡胶树

要是受伤了，我会分泌汁液让伤口愈合！

基因的传递

为什么植物和它们的父母会如此相似？原来，通过有性繁殖或无性繁殖，植物将基因传递给了下一代。

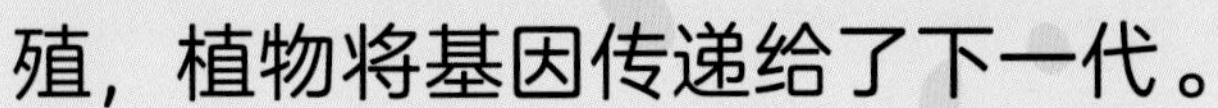

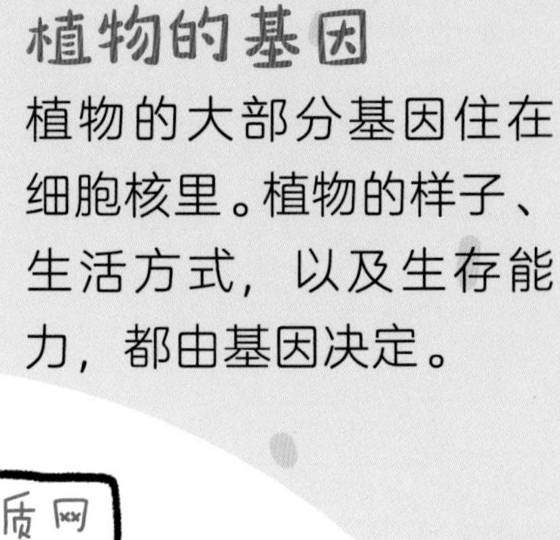

植物的基因

植物的大部分基因住在细胞核里。植物的样子、生活方式，以及生存能力，都由基因决定。

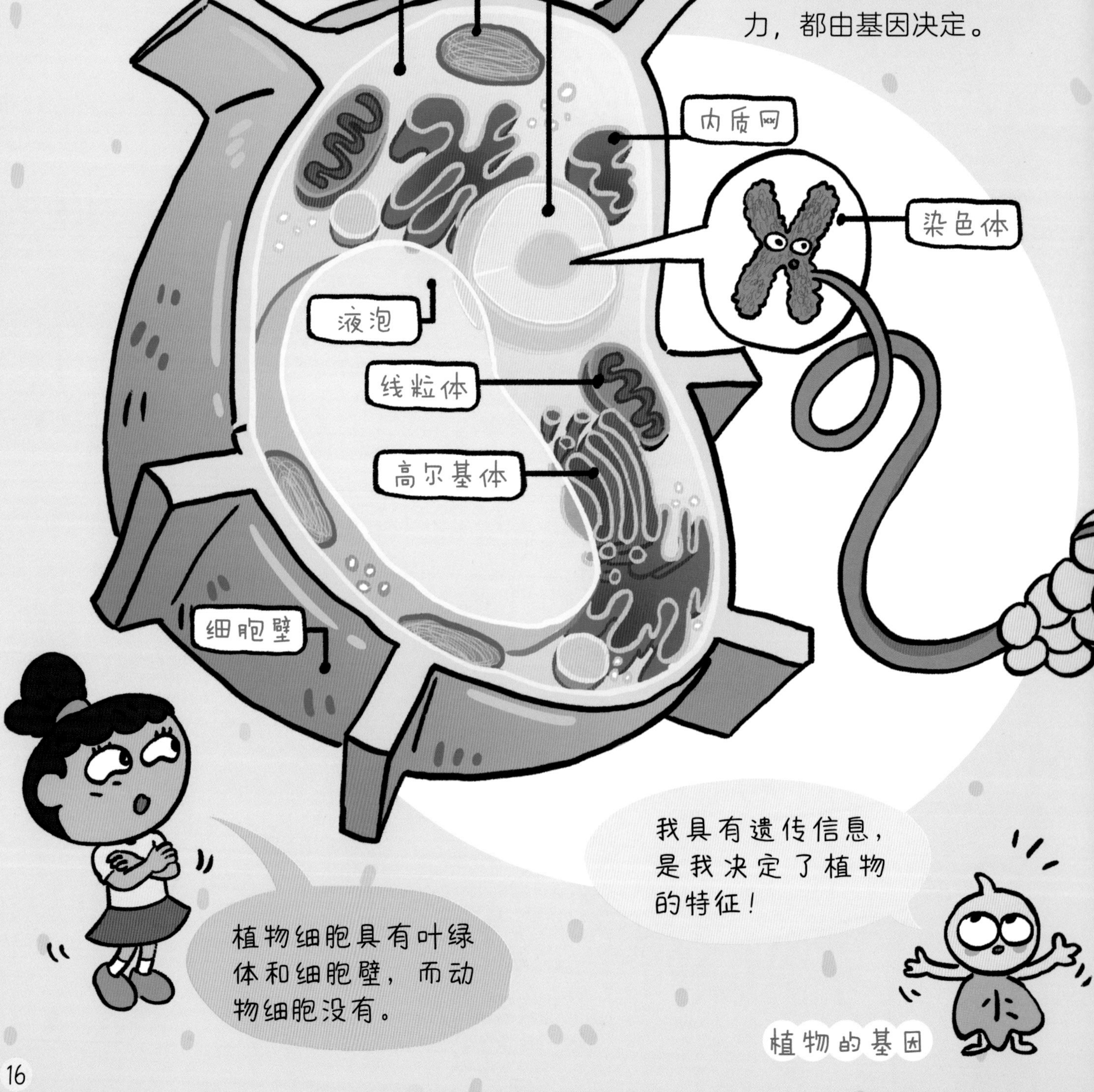
叶绿体
细胞质
细胞核
内质网
染色体
液泡
线粒体
高尔基体
细胞壁
我具有遗传信息，是我决定了植物的特征！
植物细胞具有叶绿体和细胞壁，而动物细胞没有。

有性繁殖

植物可以通过有性繁殖传递基因。植物的精子和卵细胞结合后，会发育形成新个体。

植物的精子

植物的卵细胞
我的基因一半来自爸爸，一半来自妈妈。
受精卵

我既像爸爸，又像妈妈！
雄银杏树与雌银杏树
我该叫你爸爸还是妈妈呢？
南瓜

植物也有雌雄之分，但有的植物同时具有两种性别。

除了有性繁殖，植物还可以通过无性繁殖，直接形成新的个体。

营养繁殖

有的植物可以利用自己的根、茎、叶等营养器官进行繁殖。

这样传递的基因百分百一样！

香喷喷的红薯不是我的果实，而是我的根。我可以通过它来繁殖。
红薯的根

这附近的竹笋都是我用地下茎繁殖的。
竹子的地下茎

我的块茎也能发芽，长出新的土豆。
土豆的块茎

将我的叶子插入水中，就能获得一株新绿萝！
绿萝的叶子

孢子繁殖

藻类、蕨类和苔藓植物，都利用孢子繁衍后代。孢子繁殖是无性繁殖的重要方式之一。

除了无性繁殖，植物通过有性繁殖，也能产生孢子。

我的孢子囊里有很多孢子。

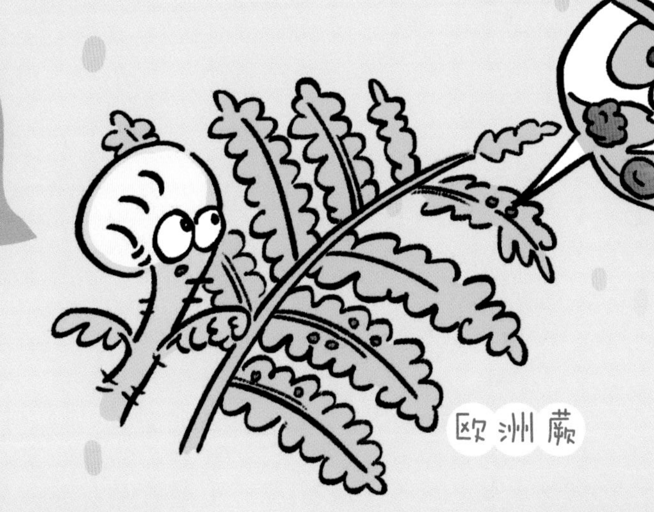
欧洲蕨

孢子

分裂繁殖

有的植物依靠分裂繁殖，可以直接分裂出两个或多个新个体。

无性繁殖可以让植物大批量复制己的基因，短时间内快速繁殖。

但许多植物还是更喜欢有性繁殖。因为这能为它们的基因传递带来更多可能。

盘藻

感谢细胞的分裂功能，因为它，我才能拥有这么庞大的家族。

重要的花

花是被子植物（也叫开花植物）的生殖器官，承担着传粉、受精和形成种子并传播的重要使命。

雌蕊和雄蕊

雌蕊和雄蕊是一朵花不可或缺的部分。雌蕊的子房里有卵细胞，雄蕊的花粉里有精子。

花药就是我们的家。
花粉
桃花花朵的结构
柱头
雌蕊
花柱
花瓣
子房
花托
花柄

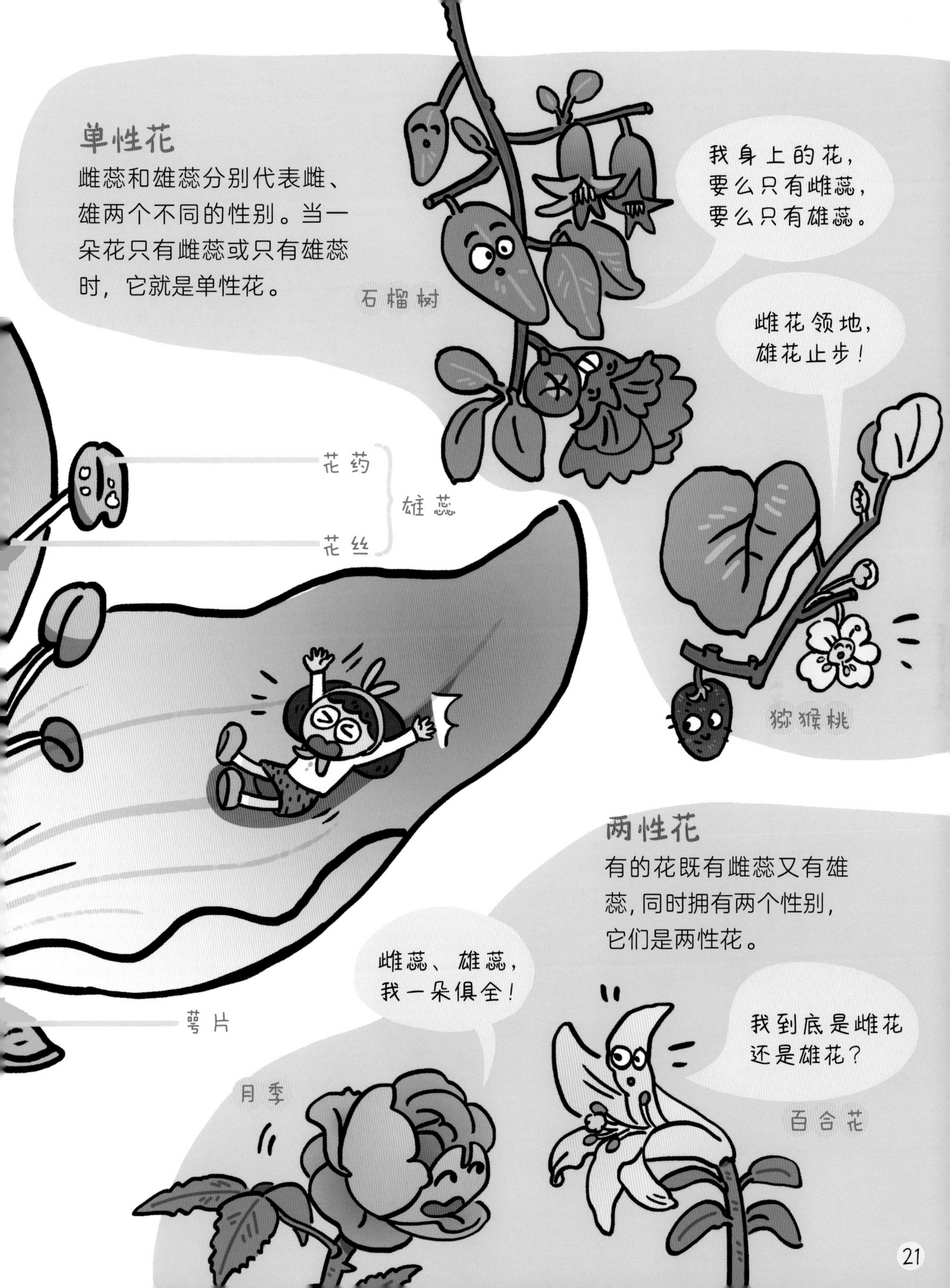
单性花
雌蕊和雄蕊分别代表雌、雄两个不同的性别。当一朵花只有雌蕊或只有雄蕊时，它就是单性花。
我身上的花，要么只有雌蕊，要么只有雄蕊。
石榴树
雌花领地，雄花止步！
花药
雄蕊
花丝
猕猴桃
萼片
两性花
有的花既有雌蕊又有雄蕊，同时拥有两个性别，它们是两性花。
雌蕊、雄蕊，我一朵俱全！
我到底是雌花还是雄花？
月季
百合花

传粉

花粉从花药中散放，并落在雌蕊柱头上的过程叫作传粉。

花粉成熟后，花药就会裂开，散播花粉。
雄花
我的柱头黏黏的，可以粘住花粉。
雌花
阿嚏！你可没有完全粘住！
花粉过敏的小朋友

自花传粉和异花传粉

传粉一般分为两种方式：花粉落在同一朵花的柱头上，就叫作自花传粉；花粉落在另一朵花的柱头上，就叫作异花传粉。

自花传粉
我就落在自己的柱头上，不走了！
花粉
世界那么大，我要去看看。
异花传粉

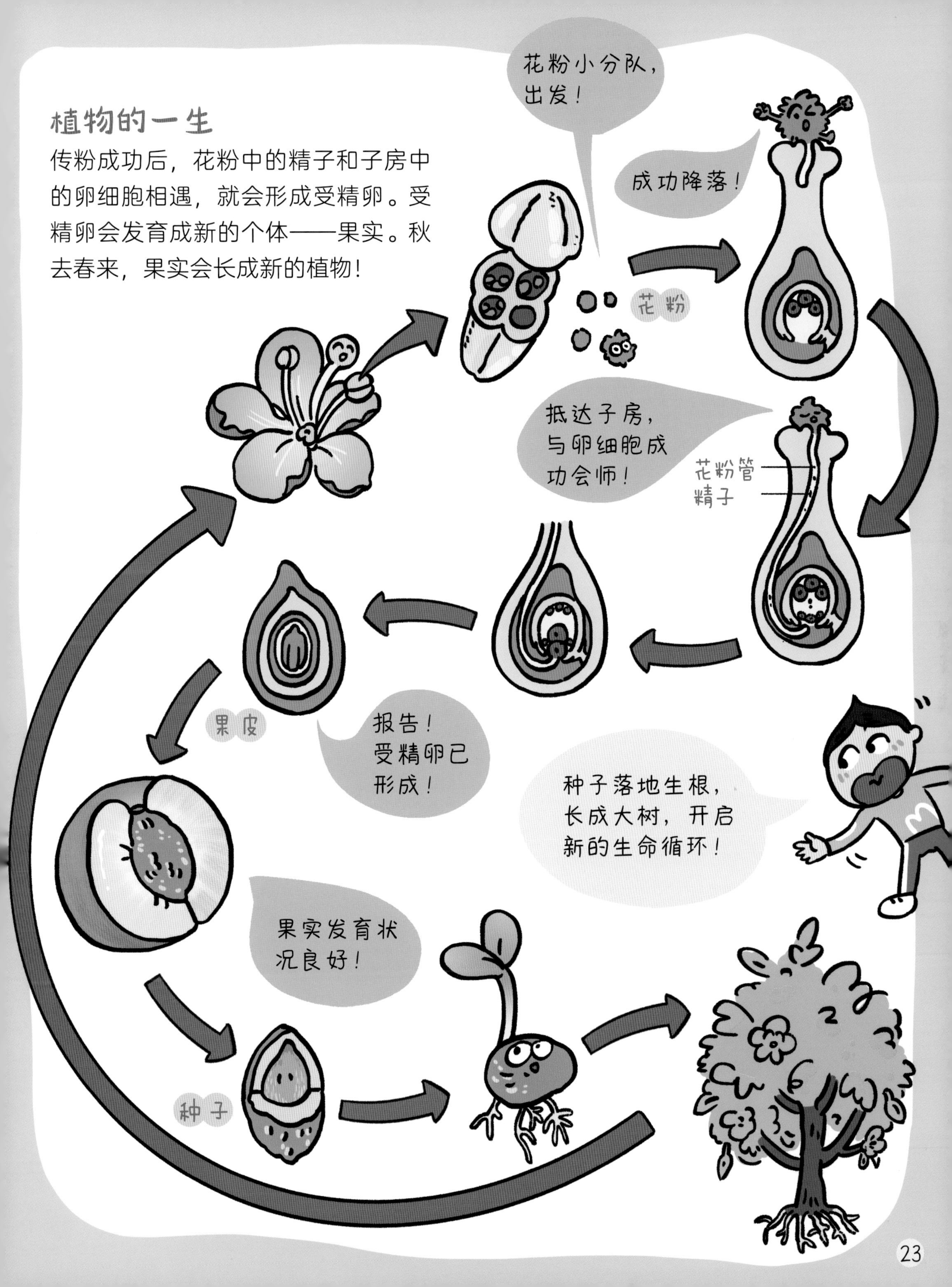
植物的一生
传粉成功后，花粉中的精子和子房中的卵细胞相遇，就会形成受精卵。受精卵会发育成新的个体——果实。秋去春来，果实会长成新的植物！
花粉小分队，出发！
花粉
成功降落！
抵达子房，与卵细胞成功会师！
花粉管
精子
报告！受精卵已形成！
果皮
种子落地生根，长成大树，开启新的生命循环！
果实发育状况良好！
种子

繁殖有暗号

植物不能跑、不能跳，它们怎样才能将花粉传播到正确的地方呢？

外力传粉

大多数植物都会借助外力来传粉。它们有的靠风，有的借助水的力量，还有的吸引昆虫和小鸟来帮忙。

乘着风儿，飞向远方！
松树

我美丽又甜蜜，昆虫们都爱帮我传粉！

蜀葵

我的雌花开在水面上，等待花粉从水下浮上来。

苦草

我能伪装成雌蜂的样子，吸引雄蜂“免费”传粉！

角蜂眉兰

尖嘴地雀吃花蜜时，我就将花粉粘在它的嘴上。

蜜蜂
仙人掌

生殖隔离

并不是任意两朵花都可以传粉，植物也有生殖隔离。有的植物在不同的时间开花，用时间差隔离；有的植物相距很远，用距离隔离；还有的植物通过特殊的结构和花蜜中的化学物质，吸引特定的虫或鸟为它们服务。

欺霜傲雪，我是冬天的花朵。
梅花
唉，我们有缘无分！
荷花
巨花魔芋
肉蝇
螂
只有食腐昆虫不嫌我臭！
棕榈树
我们相隔十万八千里！
雪杉

基因的表达

当植物继承了上一辈的基因之后，这些基因会怎样表达自己呢？

完全显性

基因有显性和隐性之分。当显性基因和隐性基因同时存在时，植物只能表现出显性基因所决定的特征。这样的情况就是完全显性。

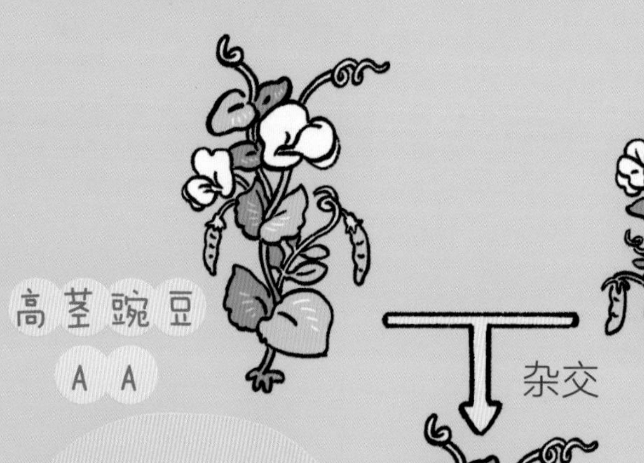
高茎豌豆
A A

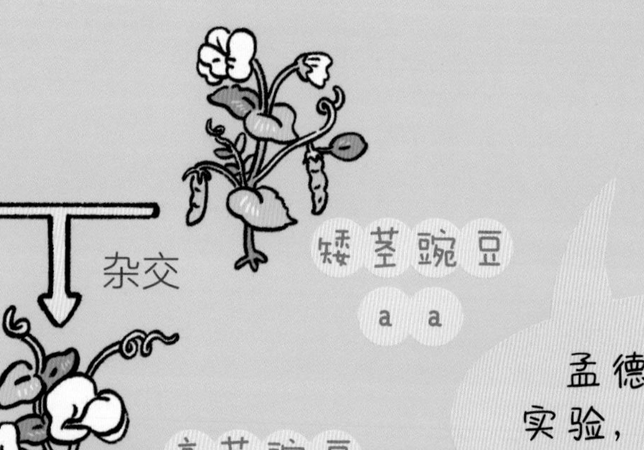
杂交
矮茎豌豆
a a

植物体内的基因是成对出现的，它们共同控制植物的特征。

孟德尔通过豌豆实验，发现了基因显性和隐性的奥秘。

高茎豌豆

A a

自交

没有显性基因“A”，我终于可以表现自己了！

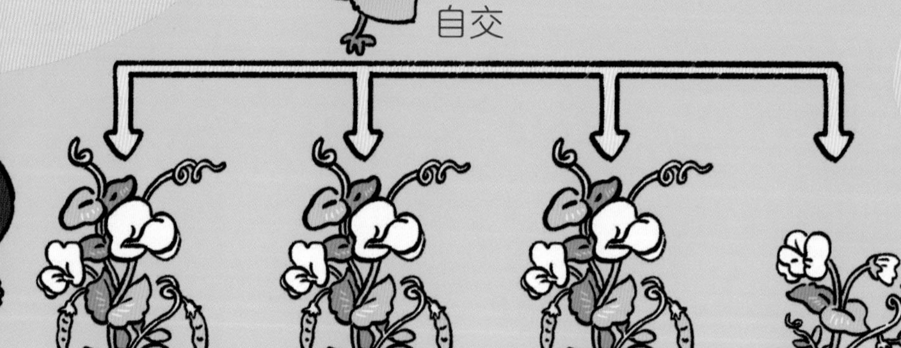
高茎豌豆
A A
高茎豌豆
A a
高茎豌豆
a A
矮茎豌豆
a a

隐性基因

不完全显性

一般情况下，基因不是表现出显性性状，就是表现出隐性性状，但也有它们各退一步、综合表达的情况。显性基因和隐性基因同时表达，就是不完全显性。

拜伦斯的紫茉莉实验

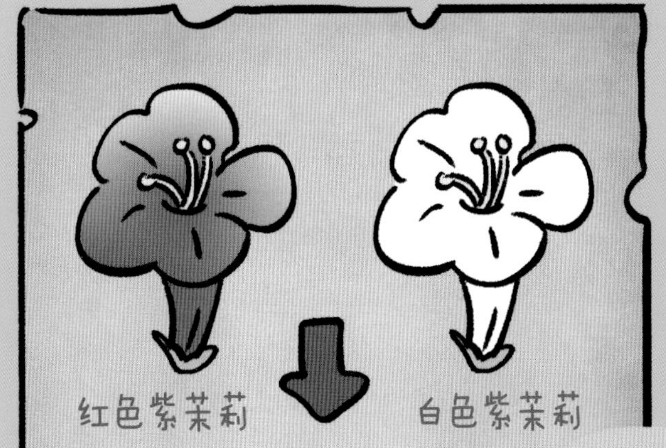
红色紫茉莉
白色紫茉莉

隐性基因
我和显性基因共享话语权！

粉色的我最独特！

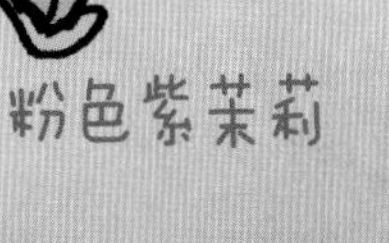
粉色紫茉莉

甘蓝型油菜
决定我叶片形状的显性基因和隐性基因在同时发力。

圆叶
花叶
半花叶

植物各不同

世界上没有两株一模一样的植物。除了基因表达造成的不同，变异也会让植物和它们的家人不一样。

遗传变异

由遗传物质发生变化而引起的变异是可遗传的。基因重组、基因突变、染色体变异都会导致植物变异。

我很弱小，因为我染色体的数目只有正常数目的一半。
番茄

为什么爸爸妈妈的豆皮十分光滑，我却皱巴巴的？
豌豆和它的后代

是基因重组让两个隐性基因相遇！
隐性基因

甜橙
甜橙的祖先基因突变后，就有了我们。
脐橙

环境引发变异

同一种植物生活在不同的环境中，也会形成不同的特点。

被精心呵护的我，比没人照顾的它颜色绿多了。

绿萝

都是西瓜，凭什么你更甜？

西瓜

微重力、低气压、高辐射的环境改变了我们的基因。

上了太空后，这家伙的果实都变大了！

普通甜椒和太空椒

环境引起的变异，如果影响到遗传物质，这种变异也会遗传。

植物的进化

变异让植物有了进化的可能。原始植物就这样不断地迭代更新，变成了今天我们看见的样子。

为了生存，植物从未停止进化的脚步。

唉，气候变了，长这么高已经不适合生存了。

蕨类植物的祖先

我们没有根、茎、叶，只能生活在水中。

一些藻类植物通过进化，从水中向陆地“迁移”，变成了最初的苔藓，有了可以固定自己的假根。

有的苔藓离开相对湿润的环境，进化出了真正的根、茎、叶。

藻类植物

进化的历程

植物的进化史十分漫长，它们也经历了从水生到陆生，从单一到多样的过程。

被子植物
我们被子植物在植物王国中占据优势地位，为了保护种子，我们还进化出了果皮（和种子共同构成果实）。
裸子植物
它们都用孢子繁殖，而我进化出了种子！
想当年，我可有几十米高！
蕨类植物
地球上有几十万种植物，不同种类的植物共同生活这个绿色的星球上。
苔藓

协同进化

进化不仅仅是一个物种的事，有时，不同物种之间会相互影响，共同进化。

纯蛱蝶

我要长出令你害怕的斑块，产生对你有害的毒素！

我还会再回来的！看我见招拆招！

西番莲

为了让蚂蚁帮我吓退天敌，我在体内进化出了供它们生存的空间。

蚂蚁和金合欢

两个物种无论是友好互助还是相互竞争，最终都在共同成长。

趋同进化

有些植物亲缘关系较远，但因为相似的生活环境，它们进化出了相似的性状和形态。

我们隔了一个大西洋，却都褪去了叶子，长出尖刺，用茎储水。

唉……没水喝的孩子都这样。

美洲仙人掌科植物：秘鲁天轮柱

非洲大戟科植物：霸王鞭

进化改变环境
为了适应环境，植物不断进化。但与此同时，植物的进化也在不断地改变环境。
没有植物，地球会是什么样子？
这些树帮我们改善土地、抵御风沙！
植物茂密的地方，雨水都变多了！

被人类偏爱的植物

除了自然选择，人类的选择也会影响植物的进化。

被人类偏爱

许多植物对人类来说具有食用、药用和观赏等实用价值，于是受到人类的喜爱，被人类种植。

我们让人类的饮食结构更丰富！
水果
蔬菜

作物
我是人类的主食之一！

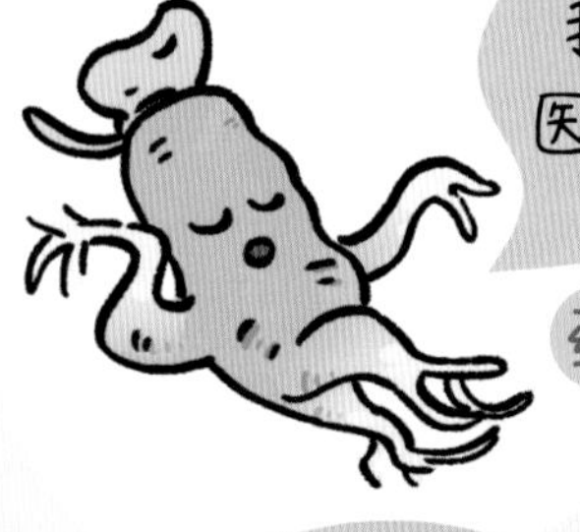
我们可以医治病人。
药材

这些植物都能为我所用！

很多物品都得用我们做材料。
加工原料

我们令人赏心悦目。
观赏植物

我才不羡慕你们，我拥有自由。
其他野生植物

选择育种

人类对这些“有用”的植物进行选种、栽培和人工繁殖。得益于人类的培育，这些植物也可以更好地生存，它们的家族逐渐壮大，品种也更适应人类的需求。

因为我能提供食物，世界各地的人类都喜欢种植我！
玉米
脐橙
我没有种子，幸好人类愿意帮我繁衍！
不客气，谁让你美味又多汁！
选种
栽培
人工繁殖
哇！选种、栽培和人工繁殖，人类参与了植物生长的每一个环节。

稳定性状

辛苦培育的性状，怎样才能保持稳定呢？有性繁殖让遗传具有不确定性，于是，人们利用植物的无性繁殖进行人工培育，主要方式有：扦插、组织培养和嫁接。

无心插柳柳成荫。

柳树扦插

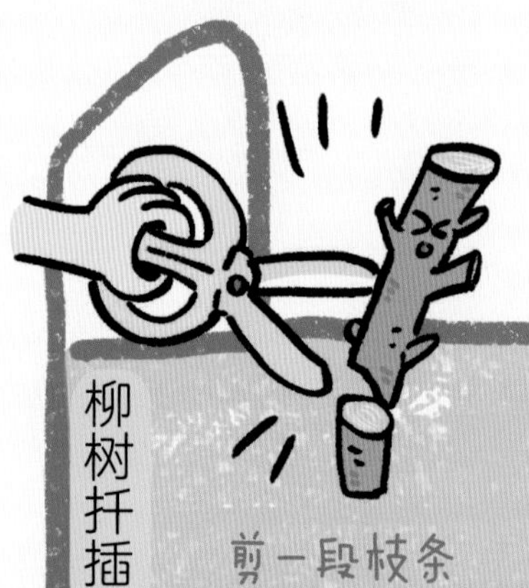

剪一段枝条

10cm

把枝条下部插入湿润的土壤中

枝条下部长出不定根，上部发芽

长成新个体

草莓组织培养

草莓的部分组织

形成愈伤组织

分化成丛芽

长成小苗

移栽结果

实现草莓自由不是梦！

脐橙嫁接

借助它的根茎，我的枝芽能长出一个更好的我！

砧木

选取合适的砧木

接穗

将脐橙枝条和砧木削出切口

将枝条插入砧木

将枝条和砧木固定好

古今品种变化

在漫长的岁月中，人类培育了很多植物，这些植物以人类的需求为进化方向，变得和从前大不相同。

没有黑籽后，人类可喜欢我了！
香蕉

我的祖先可不好惹，它长满尖刺，而且还特别苦！
黄瓜

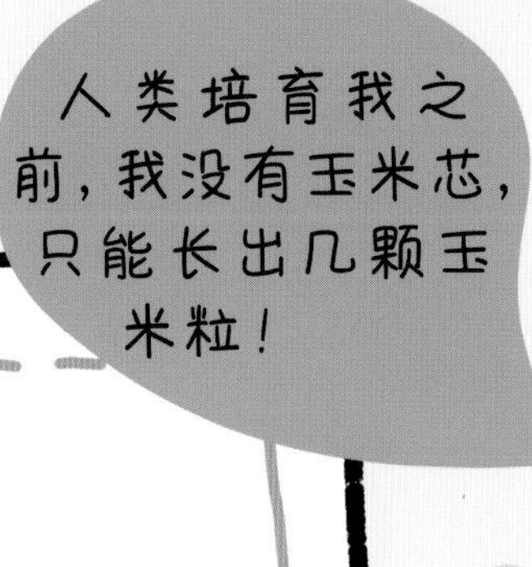

人类培育我之前，我没有玉米芯，只能长出几颗玉米粒！

玉米

植物的杂交

一般的选择育种无法满足人类的全部需求，人们想让植物兼具不同品种的特征。于是，一项新的技术——杂交育种诞生了。

杂交育种

杂交育种是指人类对同一物种内不同品种的植物进行杂交，再对后代进行筛选。通过这种方法培育出的新品种植物，往往兼具多种优势。

柚子＋橙子
我不怕虫害，你颗粒饱满，咱们正好互补！
竹子＋水稻
我有柚子的大小、橙子的清甜！
葡萄柚
竹稻
爸妈的优点我都有！
番茄椒
番茄＋甜椒

杂交水稻

杂交水稻的成功培育被誉为“第二次绿色革命”。高产抗旱的杂交水稻由高产和抗旱的优质品种进行杂交而获得，但因其后代无法稳定继承杂合性状，所以需要年年制种。中国在杂交水稻的研发和推广上处于世界领先地位。

高产不抗旱的水稻 + 低产抗旱的水稻

我既高产又抗旱。

高产抗旱的杂交水稻

我有两个梦想：一是我们能在禾下乘凉；二是杂交水稻覆盖全球！
袁隆平
袁隆平爷爷是“杂交水稻之父”，为培育杂交水稻做出了巨大的贡献。
杂交水稻解决了中国的温饱问题。

植物的转基因

由于生殖隔离，物种不同的植物的基因没办法通过杂交结合在一起。但人类可以通过转基因技术，培育出变种植物。

转基因技术

转基因技术就是提取特定生物基因组中的目的基因，或者人工合成指定序列的基因片段，再将其植入另一个生物体内，从而得到特定的优良性状的技术。

为了让玉米获得抗虫基因，我离开了在微生物中的家。
导入抗虫基因后，玉米再也不怕虫害了！
因为虫子，我少了好多玉米粒。
抗虫基因
普通玉米
有抗虫基因的我就很完整！
转基因玉米

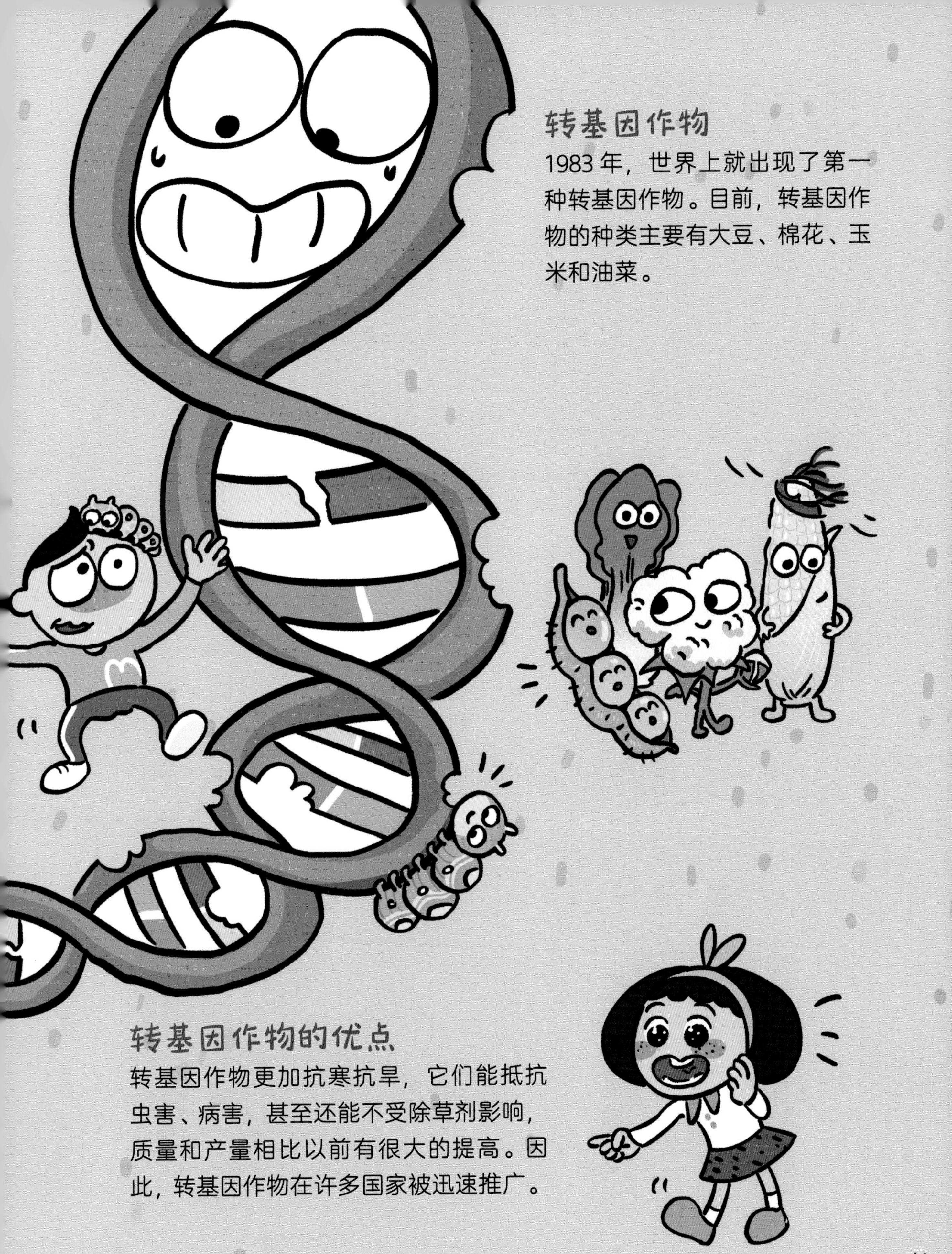

转基因作物

1983 年，世界上就出现了第一种转基因作物。目前，转基因作物的种类主要有大豆、棉花、玉米和油菜。

转基因作物的优点

转基因作物更加抗寒抗旱，它们能抵抗虫害、病害，甚至还能不受除草剂影响，质量和产量相比以前有很大的提高。因此，转基因作物在许多国家被迅速推广。

共同的家园

人类干预了植物的生长、进化和遗传，但对植物而言，这些干预并不一定都是有利的。

人工干预的危害

人类大量种植对自己有利的植物，挤压了其他植物的生存空间，破坏了植物的多样性。伴随着人类的活动，一些外来植物也被带到本地，这些外来入侵物种，让很多本地植物遭到了毁灭性的伤害。

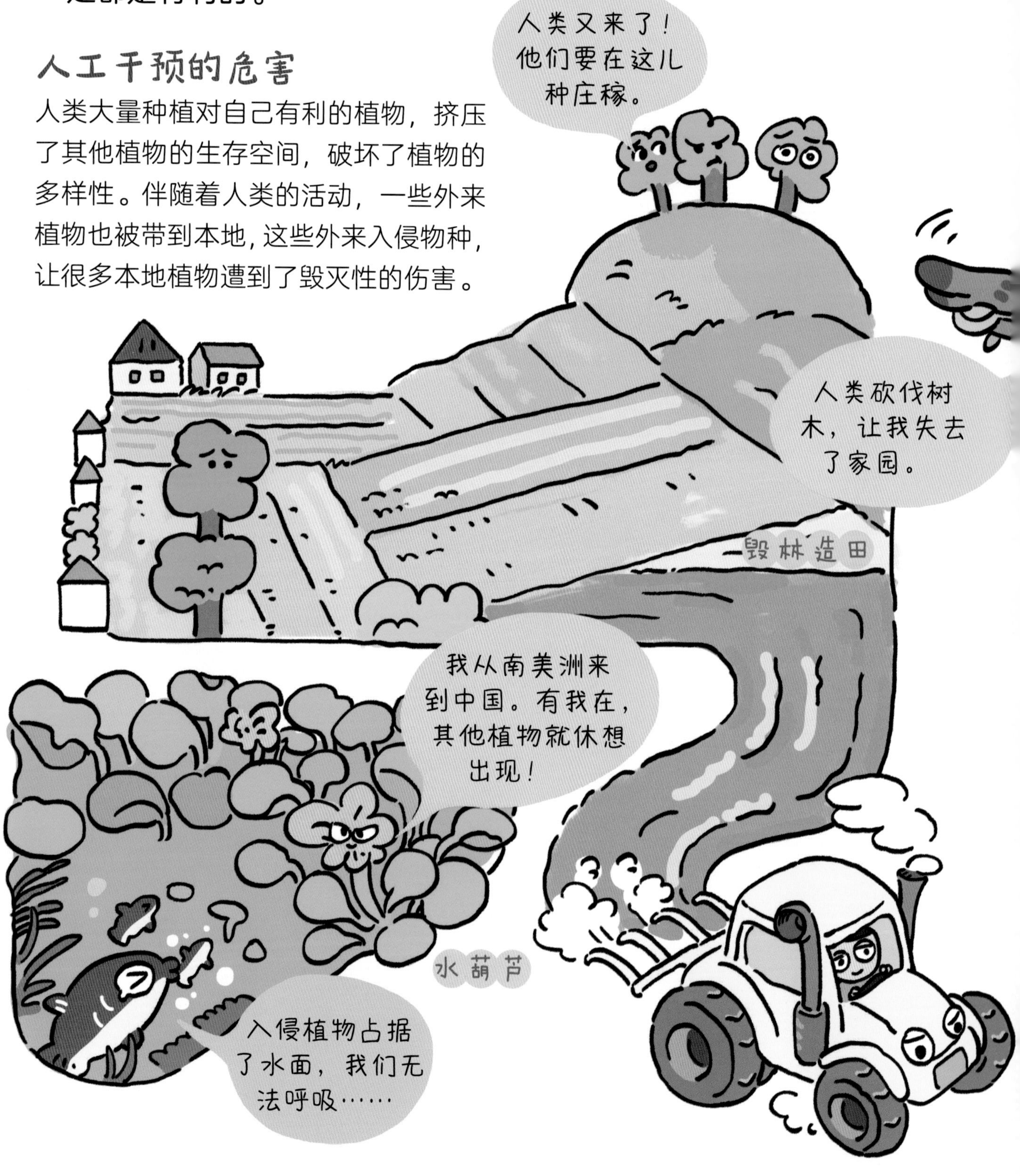
人类又来了！他们要在这儿种庄稼。
人类砍伐树木，让我失去了家园。
毁林造田
我从南美洲来到中国。有我在，其他植物就休想出现！
水葫芦
入侵植物占据了水面，我们无法呼吸……

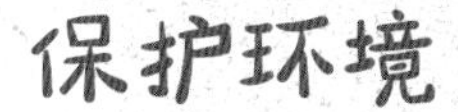
保护环境

我们的衣食住行都离不开植物。没有植物，水土流失、沙尘暴、泥石流等灾害也随之而来。我们必须保护植物，保护植物就是保护我们共同的家园。

嘿嘿！没有植物，这里就是我的天下！

沙尘暴

我国现在已经成立了两千多个自然保护区，来保护植物的多样性。

退耕还林、保护湿地、保护濒危植物等，也是保护环境的方式。

人类、动物和植物都是好朋友，要一起爱护我们的家园。

快灭绝的我被人类保护了起来！

红豆杉

趣味游戏

植物的遗传可真神奇！想必小朋友们对植物也产生了不少兴趣，下面一起来玩两个和植物有关的小游戏吧！

1. 植物连连看

下面有很多描述植物遗传现象的气泡，聪明的小朋友，快用你的画笔将气泡中的问题和对应的答案连接起来吧！

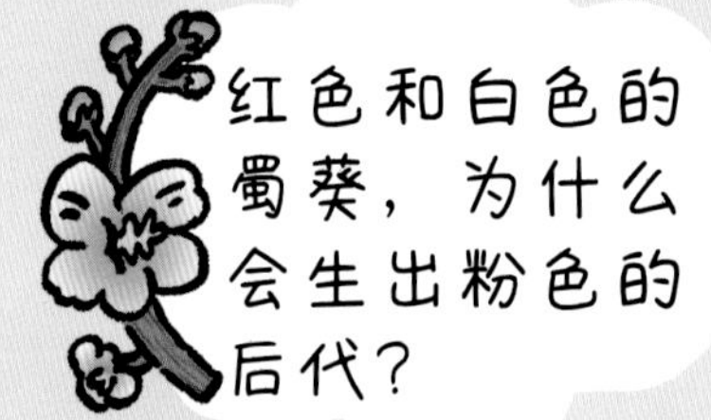

红色和白色的蜀葵，为什么会生出粉色的后代？

哪个植物吃小虫子？

“杂交水稻之父”是谁？

为什么霸王鞭和秘鲁天轮柱非亲非故，却长得十分相似？

趋同进化

袁隆平

基因的不完全显性

双性花

猪笼草

根繁殖

环境引起的变异

细胞核

太空椒为什么和普通甜椒不一样？

什么花既有雄蕊，又有雌蕊？

植物的基因住在哪儿？

红薯用什么繁殖？

答案都在这本书里哦！

2. 展示你喜爱的植物

你喜爱的植物是什么呢？找到它的落叶或落花，制作成植物标本，贴在下方的空白处展示一下吧！

写下它的名字吧！

图书在版编目（CIP）数据

奇妙的遗传：趣味生物学大揭秘. 谁最好吃？ / 红红罗卜著、绘. -- 北京：电子工业出版社, 2024.6
ISBN 978-7-121-47877-2

Ⅰ. ①奇… Ⅱ. ①红… Ⅲ. ①遗传学－少儿读物 Ⅳ. ① Q3-49

中国国家版本馆CIP数据核字(2024)第101000号

责任编辑：刘香玉　文字编辑：杨雨佳
印　　刷：北京利丰雅高长城印刷有限公司
装　　订：北京利丰雅高长城印刷有限公司
出版发行：电子工业出版社
　　　　　北京市海淀区万寿路 173 信箱　邮编：100036
开　　本：889×1194　1/16　印张：9　字数：151.5 千字
版　　次：2024 年 6 月第 1 版
印　　次：2024 年 6 月第 1 次印刷
定　　价：138.00 元（全 3 册）

凡所购买电子工业出版社图书有缺损问题，请向购买书店调换。若书店售缺，请与本社发行部联系，联系及邮购电话：（010）88254888 或 88258888。

质量投诉请发邮件至 zlts@phei.com.cn，盗版侵权举报请发邮件至 dbqq@phei.com.cn。

本书咨询联系方式：（010）88254161 转 1826，lxy@phei.com.cn。